BEI GRIN MACHT SICH IHR WISSEN BEZAHLT

- Wir veröffentlichen Ihre Hausarbeit, Bachelor- und Masterarbeit

- Ihr eigenes eBook und Buch - weltweit in allen wichtigen Shops

- Verdienen Sie an jedem Verkauf

Jetzt bei www.GRIN.com hochladen und kostenlos publizieren

Nilo Gora

Energiesparhäuser - Bestandteile einer energieeffizienten Bauweise in Gebäuden

GRIN Verlag

Bibliografische Information der Deutschen Nationalbibliothek:

Die Deutsche Bibliothek verzeichnet diese Publikation in der Deutschen National-
bibliografie; detaillierte bibliografische Daten sind im Internet über http://dnb.d-
nb.de/ abrufbar.

Impressum:

Copyright © 2011 GRIN Verlag GmbH
Druck und Bindung: Books on Demand GmbH, Norderstedt Germany
ISBN: 978-3-656-32530-7

Dieses Buch bei GRIN:

http://www.grin.com/de/e-book/204911/energiesparhaeuser-bestandteile-einer-
energieeffizienten-bauweise-in

Energiesparhäuser –

Bestandteile einer energieeffizienten Bauweise in Gebäuden

Inhalt

1. Einleitung

In der heutigen Zeit ist die Nachhaltigkeit ein immer mehr in den Vordergrund rückendes Thema. Aber wieso hat unsere Gesellschaft so entschieden? Mit einer zunehmenden Anzahl von klimatischen Veränderungen und wetterspezifischen extremen, fing der Mensch an nach den Ursachen zu fragen. Und nach unzähligen Studien und Publikationen zu dem Themengebiet kam man zu dem Punkt, dass einer der signifikanten Gründe für diese Wetterphänomene die von uns produzierten Treibhausgase Kohlendioxid, Methan und Lachgas sind. Jedes neue Produkt wird nicht mehr nur auf Aspekte wie Wirtschaftlichkeit oder Design geprüft, sondern auch auf den der Nachhaltigkeit. Aber was bedeutet diese Nachhaltigkeit? Die Erklärung spiegelt sich in dem Wort selbst wieder. Es besteht aus der Präposition „nach" und dem Verbum „hält", also hält nach oder mit anderen Worten langlebig und nicht einmalig. Jedoch kam dieses Nachhaltigkeitsgefühl nicht von heute auf morgen, sondern war mehr ein stetig anwachsender Prozess. Zu Beginn wurden die Forscher auf dieses Problem der fehlenden Nachhaltigkeit aufmerksam und diese trugen dieses in die Medien und die Gesellschaft, bis es die Politik erreichte. Diese verabschiedete immer neuere und spezifischere Reglungen zum Umweltschutz und der nachhaltigen Nutzung unserer Ressourcen.

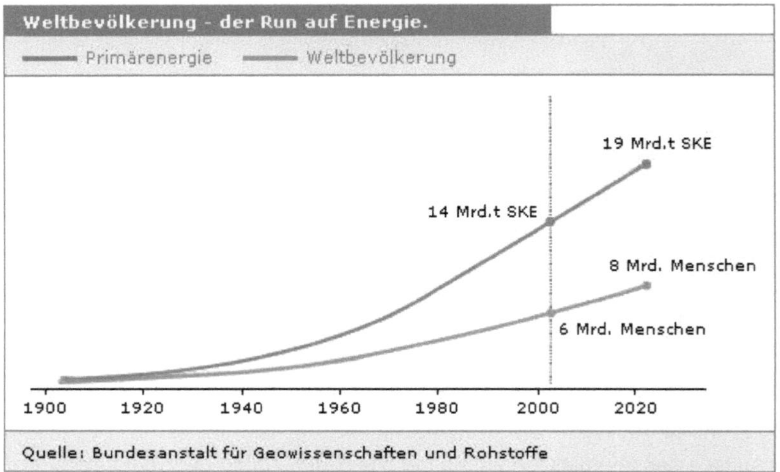

Abbildung 1, Quelle Bundesanstalt für Geowissenschaften und Rohstoffe

Wie man aus Abbildung 1 entnehmen kann, verlaufen die beiden kurven Primärenergie in Beziehung zu der Weltbevölkerung nicht proportional zu einander, sondern die der Energie steigt schneller an. Nachdem Studien ergaben, dass ein Drittel der verbrauchten Energie in Deutschland für Raumwärme, die Konditionierung der Raumluft und die Warmwasseraufbereitung im Gebäudebereich anfällt, sind in dieser Richtung viele neue Verordnungen und Richtlinien ins Leben gerufen worden. Auf nationaler Ebene regelt die im Februar 2002 in Kraft getretene Energiesparverordnung (EnEV) die Gesamtenergieeffizienz von Gebäuden nach EU-Richtlinien. Die EnEV regelt in vielerlei Hinsicht die Energieeffizienz von Gebäuden jedoch haben viele Neubauten eine deutlich bessere Energieeffizienz als rechtlich gefordert. Grund dafür ist das Einsparen von Energiekosten und dem, durch immer höhere Energiekosten bedingten, verkürzen der Amortisationszeiten der Investitionen in die Energieeffizienz des Gebäudes.

Im Rahmen dieser Ausarbeitung werden die verschiedenen Energieeinsparpotenziale eines Gebäudes aufgezeigt. Darüber hinaus findet auch eine Einführung in die grundlegenden rechtlichen Richtlinien statt, um ein allgemeines Verständnis für dieses zu entwickeln. Letztendlich wagen wir einen Ausblick in das Energiesparhaus der Zukunft, um zu prüfen, was uns noch erwarten wird.

2. Die Energiesparverordnung

Als Grundstein des nachhaltigen und energieeffizienten Bauens gilt für jedes neu errichtete Gebäude die EnEV. Diese reguliert die staatlichen Vorgaben für die Energiebilanz eines Bauvorhabens. Dort enthalten sind Mindestwert, an die sich der Bauherr in den Bereichen der Wärmedämmung und der Heizungsanlagen richten muss. Die Energiesparverordnung ist im stetigen Anpassungsprozess an neue Technologien geknüpft, wodurch viele bereits überholte Energiesparverordnungen existieren. Diese Anpassungen sind nötig um eine möglichst umweltfreundliche Energiebilanz zu erhalten, die sich aber auch positiv auf die Betriebskosten auswirkt. Die einzelnen Energiesparverordnungen sind markiert durch die Jahreszahl, in der sie überholt wurde, die aktuellste ist momentan die EnEV 2009. Jedoch bevor wir uns mit dieser neuesten Auflage der Energiesparverordnung beschäftigen und die Neuerungen erklären, ist es von Vorteil zu wissen, wie die EnEV entstanden ist und wo ihre Wurzeln liegen.

2.1 Geschichtlicher Hintergrund der EnEV

Der Begriff des Energiesparens hatte lange Zeit in der Konstruktion von Gebäuden keinen nennenswerten Stellenwert. In dieser Zeit wurden die Fantasien der Architekten eingegrenzt durch die Gesetzte der Statik, der Tragkraft der verwendeten Materialien und dem finanziellen Budget der Auftraggeber. Jedoch fanden sich zunehmend die Begriffe der Nachhaltigkeit und der Energieeffizienz in den Fachbüchern der Architekten und Konstrukteure. Dies war bedingt durch die in den 1977 Jahren verabschiedeten Wärmeschutz- und Heizungsanlagen-Verordnung. Diese beiden Verordnungen waren, nicht wie die heutige EnEv, unabhängig voneinander, mussten aber bei allen Häusern, deren Bauantrag vor dem 1. Januar 1977 eingereicht wurde, erfüllt werden.

Erstere der beiden Verordnungen bezieht sich auf die Wärmedämmung von Wohnanlagen, Bürogebäuden, Bildungseinrichtungen, Krankenhäuser und Geschäftshäuser. Mischformen oder Gebäude, die partiell mit den oben genannten Gebäudetypen vergleichbar sind, fallen ebenfalls unter diese Verordnung. Zentrale Neuerungen waren die Einführung einer Pflicht zum Einbau von Fenstern mit Isolier- oder Doppelverglasung mit einem Wärmedurchgangskoeffizient von mindestens 3,5 W/ (m²* K). Ebenfalls wurden Abdeckungen für Heizkörperrückseiten eingeführt, um nach hinten abgestrahlte Wärme in den Raum zurückzuführen. Ebenfalls gab es erstmals Vorgaben für die Dämmung von Wänden. Somit wurden moderne Dämmstoffe immer wichtiger im Hausbau. Man hatte früh erkannt, dass die effektivste Methode zum Energiesparen in Gebäuden das Verwenden einer guten Dämmung ist. Durch eine gute Dämmung wird das Ausdringen von Wärme aus dem Gebäude minimiert und im Umkehrschluss das Eintreten von kalter Luft in die Räumlichkeit vermindert. Diese Bestimmungen wurden in den darauffolgenden Jahren immer wieder überarbeitet und an den technischen Stand angepasst. Im Rahmen dieser Anpassungen gab es starke unterschiede in den Vorgaben, die an die Effizienz gestellt wurden (vgl. Bundesministerium für Raumordnung, Bauwesen und Städtebau, 1977, 1982, 1994).

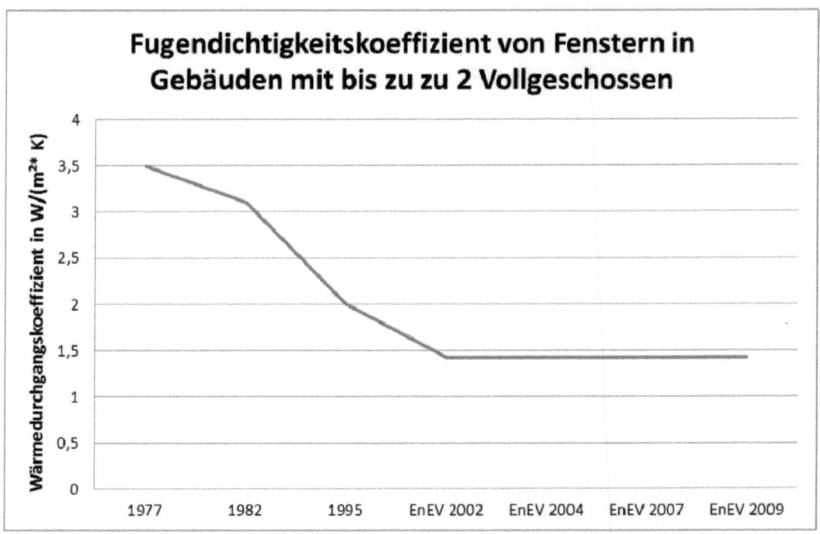

Abbildung 2, Quelle: Eigene Darstellung

In Abbildung 2 wird exemplarisch am Beispiel des Fugendichtigkeitskoeffizienten von Fenstern in Gebäuden mit bis zu zu 2 Vollgeschossen aufgezeigt, wie sich die Vorgaben innerhalb der letzten Jahre gewandelt haben. Dort auf der senkrecht stehenden Ordinate wird der Wärmedurchgangskoeffizient in W/ (m²* K) angegeben. Auf der waagerecht stehenden Abszisse wird die jeweilige Vorgabe in den einzelnen Wärmeschutzverordnungen aufgelistet. Aus der Abbildung lassen sich mehrere Aspekte entnehmen. Zum einen, dass in den Jahren 1977 bis 2002 die gesetzlichen minimal Vorgaben sich mehr als halbiert haben zum anderen, dass die Abstände, in denen Überarbeitungen hervorgebracht werden, immer geringer werden. Der Wärmeschutzverordnung 1977 folgten zwei Überarbeitungen, bis diese Verordnung in der EnEV aufging. Ähnlich verhielt es sich mit der Heizungsanlagenverordnung, die sich Primär mit Wärmeerzeugern, Wärmedämmung von Wärmeverteilungsanlagen und Brauchwasseranlagen beschäftigte. Diese wurde in den seit ihrem ersten Inkrafttreten im Jahr 1978, bis ihrer Außerkrafttretung im Jahr 2002 zwei Mal überarbeitet. Auch hier wurde primär an den stand der Technik angepasst. Ebenfalls ging die Heizungsanlagenverordnung in die EnEV über.

2.2 Die Anforderungen der EnEV an Gebäude

Die EnEV wurde mit dem Gedanken erlassen, um Primärenergie zu sparen. Darin enthalten ist die Energie für die Heizung, die Warmwasserbereitung, der Lüftung und dem Transmissionswärmeverlust. Jedoch werden diese Vorgaben stark minimalistisch geführt. Viele Bauherren bauen mit dem Vorwand eine möglichst hohe Energieeffizienz zu erreichen, um der zunehmenden Verteuerung der Energie entgegenzuwirken. Die EnEV unterscheidet in zwei grundlegende Kategorien von Gebäudetypen, zum einen den klassischen Neubau aber auch einen Altbau. Bei einem Neubau werden höhere energiespartechnische Standards verlangt als bei einem Altbau. Die Berechnung unterscheidet sich auch voneinander. Bei einem Neubau wird pro Bauteil ein bestimmter maximaler Wärmedurchgangskoeffizient fest definiert, welcher nicht überschritten werden darf. So haben Fenster bei einem Neubau einen Wärmedurchgangskoeffizienten von 1,4 W/ (m²* K). Bei Altbauten beträgt dieser Wert 1,7 W/ (m²* K), was Fenstern mit Kunststoffrahmen entspricht. Zusätzlich ist laut EnEV ein Altbau erst dann modernisiert, wenn er seine Energieeffizienz um 40 % gegenüber dem vorherigen Wert gesteigert hat (vgl. Wolfgang 2008 S.17).

2.3 Pflichten und Anforderungen der EnEV

Zudem gibt es laut EnEV Nachrüstpflichten, an die sich Eigentumsbesitzer halten müssen und Maßnahmen zur Modernisierung ergreifen müssen. Diese Maßnahmen sind bindend und erfüllen bei einer Missachtung den Tatbestand einer Ordnungswidrigkeit. Somit ist beim Austausch alter Heizkessel die Vorgabe gegeben worden, vor dem 1. Oktober 1978 installierte Heizkessel bis zum 31. Dezember 2006 auszutauschen. Jedoch wurde hier differenziert und ausgenommen von dieser Regelung waren Anlagen mit einem Brennwert- oder Niedertemperaturkessel oder Anlagen die eine Leistung von unter 4 KW oder über 400 KW aufwiesen. Ähnliche Regelungen gibt es auch für die Bauteile Leitungsdämmung, Temperaturregeleinrichtungen und Dämmungen oberster Geschossdecke. Diese Regelungen waren jedoch ausgenommen für Immobilien, die durch den Besitzer selbst bewohnt wurden. Diese durften jedoch nicht mehr als zwei Wohnungen enthalten. Hätten alle diese Regelungen für ein Objekt gegolten, wäre erst der nächste Besitzer dieser Immobilie dazu verpflichtet gewesen die Modernisierungsmaßnahmen innerhalb einer Frist von zwei Jahren zu erfüllen.

Letztere Anforderung an Immobilien laut EnEV ist die sogenannte bedingte Anforderung. Unter diese Fallen alle Geräte, die aufgrund von Mängeln, Beschädigungen oder kosmetischer Gründe ausgetauscht werden. Die neuen Geräte müssen dann wieder den energetischen Standard der aktuellen EnEV erfüllen (vgl. Wolfgang 2008 S.18,19).

3. Der Energieausweis

Um für Laien den Begriff der Energieeffizienz einfach und verständlich zu machen, wurde in der EnEV 2007 der Energieausweis eingeführt. Dieser verpflichtet alle Gebäudebesitzer zum Ausstellen eines solchen Ausweises. Davon betroffen sind sowohl Neubauten als auch Altbeuten. Jedoch ist der Energieausweis keine unbedingte Neuheit, da bereits in der 3. Wärmeschutzverordnung, die 1995 in kraft getreten ist, ein ähnlicher „Energiebedarfsausweis" für Neubauten ausgestellt wurde.
Der Ursprung der Pflicht für alle Gebäude ist jedoch eine Richtlinie der EU. Diese verpflichtet alle Länder einen Energiepass für Gebäude zu besitzen. Somit soll es in erster Linie Mietern leichter fallen die Heizkosten einer Immobilie zu bestimmen und diese in ihre Entscheidung für oder gegen diese Immobilie einzubeziehen. Somit ist der Eigentümer dazu verpflichtet, einen solchen Energieausweis zu besitzen. Bei Verkauf oder Vermietung des Objektes ist der Immobilienbesitzer dazu verpflichtet diesen Energieausweis noch vor unterschrieben des Kauf- oder Mietvertrages den Interessenten vorzulegen. Jedoch besteht in einem bestehenden Miet- oder Pachverhältniss kein Anspruch auf diesen (vgl. Wolfgang 2008 S.21).

3.1 Aufbau des Energieausweises

Der Energieausweis gibt eine Auskunft über die Energieeffizienz eines Gebäudes und wird somit zum Qualitätsmerkmal. Ebenfalls dort enthalten sind sinnvolle und wirtschaftliche Modernisierungshinweise für den Gebäudeinhaber. Der jährliche Primärenergiebedarf eines Wohnhauses wird in kWh pro m² Nutzfläche angegeben. Somit ist es möglich Immobilien untereinander zu vergleichen, da man eine einheitliche Messskala besitzt. Zudem befindet sich zwei Farbskalen auf dem Energieausweis. Auf der ersten Farbskala wird aufgezeigt ob der Verbrauch gering (grün) oder hoch ist (rot). Die zweite Farbskala vergleicht Gebäudetypen miteinander und zeigt so auf, wie sich das jeweilige Objekt energetisch einordnen lässt. In Abbildung 3 ist noch einmal ein detaillierter Überblick über einen Energieausweis und seinen Inhalt (vgl. Bergdolt & Matter 2009 S. 112).

Seite 1	Seite 2
Angaben zum Gebäude z. B. Fläche, Adresse, Baujahr , Anlass der Ausstellung	**Ergebnisdarstellung beim Bedarfsausweis** mit Primärenergiebedarf in Tachometer Darstellung, dem EnEV-Anforderungswert sowie der Angabe der energetischen Qualität der Gebäudehülle; Aufteilung des Energiebedarfs auf die Energieträger; Angaben zu alternativen Energieerzeugungssystemen (falls eingesetzt); Vergleichswerte für den Endenergiebedarf bei verschiedenen Gebäudetypen
Seite 3	Seite 4
Ergebnisdarstellung beim Verbrauchsausweis mit Energieverbrauchskennwert (zeit- und klimabereinigt) in Tachometer Darstellung; Aufteilung des Energiebedarfs auf die Energieträger	**Erläuterungen und Definitionen**

Abbildung 3, Quelle: Bergdolt, Gudrun & Matter, Dirk (2009): Energie sparen im Haushalt Seite 113

3.2 Bedarfsausweis und Verbrauchsausweis

Auch ist es wichtig zu wissen, dass es zwei unterschiedliche Arten von Energieausweisen gibt, zum einen den Bedarfsausweis und den Verbrauchsausweis. Diese unterscheiden sich in vielen Punkten voneinander und sind auch unterschiedlich aussagekräftig. Bei dem Bedarfsausweis wird von dem theoretischen Bedarf eines Gebäudes ausgegangen. Dieser wird von einem Fachmann berechnet, indem alle wärmetechnische Komponenten erfasst werden. Zudem spielen hier auch die Effektivität der Dämmung und die gesamte Gebäudegeometrie eine entscheidende Rolle. Aus diesen Daten wird dann der theoretische jährliche Primärenergiebedarf berechnet. Diese Werte sind dann sehr genau und lassen ein Vergleichen unter anderen Gebäuden zu. Ein Nachteil dieser Methode ist jedoch, dass dieses Verfahren sehr kostenintensiv ist und bei einem Einfamilienhaus bis zu 380 € kosten kann.

Der Verbrauchsausweis hingegen ist eine sehr kostengünstige Variante des Energieausweises. In diesem werden lediglich die Energiekostenabrechnungen der letzten drei Jahre als Basis der Berechnungen hinzugezogen. Ein Vergleichen der Daten untereinander ist jedoch schwierig, da der Mensch in dieser Variante eine entscheidende Variable spielt. Dieser beeinflusst die Energiekostenabrechnung enorm durch unterschiedliches Heizverhalten. Ebenfalls lassen sich Modernisierungshinweise nur schwer ableiten.

Die Entscheidung ob ein Bedarfsausweis oder ein Verbrauchsausweis vorliegen muss ist in der EnEV ebenfalls geregelt. Diese besagt, dass Neubauten, sanierte Häuser und erweiterte Wohnflächen einen Bedarfsausweis besitzen müssen. Ebenfalls dazu verpflichtet sind kleine und ältere Wohnhäuser, deren Bauantrag vor dem 01.11.1977 und weniger als fünf Wohneinheiten vorweisen. Freie Wahl hat der Vermieter, wenn das Wohngebäude mehr als fünf Wohneinheiten hat, jedoch wird empfohlen den Bedarfsausweis zu wählen, da so aufgrund der individuellen Sanierungsmöglichkeiten Geld eingespart werden kann. Ein Bedarfsenergieausweis bei einem Wohnhaus bis 30 Wohneinheiten kann bis zu 950 € kosten jedoch können durch die Modernisierungshinweise viele Tausende Euro über mehrere Jahre gespart werden. Dies würde nicht nur die Vermieter als auch die Mieter positiv treffen (vgl. Bergdolt & Matter 2009 S. 115ff).

4. Energiesparende Materialien und Techniken

Maßgeblich entscheidend für die Energieeffizienz eines Gebäudes sind die Materialien und Techniken, die in ihm verarbeitet sind. Diese Komponenten haben unterschiedliche Energieeinsparpotenziale, bei denen es schwerfällt, den Überblick über Wirtschaftlichkeit und Effektivität zu bewahren. Den jede dieser Komponenten hat auch im Anwendungs- und Komfortbereich seine eigenen Vor- und Nachteile.

4.1 Die Heizung

Die geläufigste Form der Heizung ist momentan die Zentralheizung. Bei dieser sind die Heizkörper über eine Heizungspumpe mit dem Heizkessel verbunden. Dieser ist wiederum mit dem Speicher verbunden, in dem warmes als auch kaltes Wasser gespeichert wird. Die Heizungen bilden mit dem Speicher einen Wasserkreislauf, in dem das durch den Heizkessel erwärmte Wasser durch die Heizungspumpe durch die Heizungen gepumpt wird. Dort gibt es über die Heizung wärme an die Umgebung ab und erwärmt so den Raum. Das abgekühlte Wasser läuft nun wieder zurück in den Speicher, um dort erneut verwendet zu werden.

Die Temperaturen betragen in Anlagen, die nach 1978 in Betrieb genommen wurden 75 / 65 °C (Vorlauf- / Rücklauftemperatur). Dies war nicht immer so, den Anlagen, die vor 1978 installiert wurden, hatten noch Werte von 90 / 70 °C. Jedoch ist die Einstellung für jeden Haushalt unterschiedlich zu treffen, da die Haushalte sich an Wärmfläche unterscheiden.

Der Speicher beherbergt aber auch noch Warmwasser, welches für die sanitären Einrichtungen wie Dusche, Badewanne oder Wasserhahn verwendet wird. Vom Grundprinzip unterscheiden sich die kommenden Heizsysteme nicht. Jedoch unterscheiden sich diese um die Art und Weise, mit der das Wasser erwärmt wird.

4.1.1 Heizen mit Öl

Das Heizen mit Öl ist in der Vergangenheit eine der preisgünstigsten alternativen gewesen, jedoch hat sich dies aufgrund der steigenden Nachfrage nach Rohöl und den knapper werdenden Vorkommen geändert. Unabhängig davon haben noch viele zumeist ältere Gebäude eine Ölheizung mit einem Brennwertkessel für Öl, in dem das Wasser auf die entsprechende Temperatur gebracht wird. Diese älteren Kessel erbringen nur eine Nutzenergie von bis maximal 63 % der Gesamtabgabe von Energie des Öls. Die restlichen 37 % verteilen sich auf Auskühlungsverluste, Oberflächenverluste und Abgasverluste. Moderne Ölheizungen funktionieren auf dem Prinzip der Niedrigenergietechnik. Dies bedeutet, dass die Ölheizung die Wassertemperatur nach Bedarf reguliert und so bis zu 30 % Energie einspart. Ältere Modelle hatten eine konstante Temperatur von 90 °C, wobei moderne diese zwischen 40 –75 °C regulieren. Ein Überblick lässt sich gut aus der Abbildung 4 entnehmen.

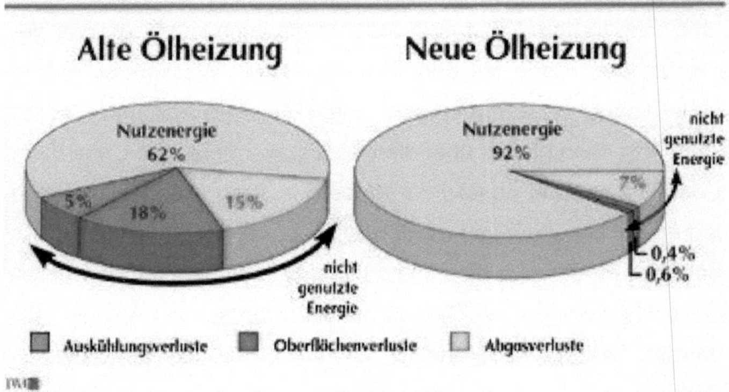

Abbildung 4, Quelle: http://www.schornsteinfeger-innung- saarland.de/bilder_sl/org/einspareffekt.jpg

Nachteile dieser Anlagenart sind die immer höher werdenden Kosten, großer Raumaufwand durch die Lagerung des Öls und der Relativ schlechte Normnutzungsgrad von 103 %. Somit ist diese Heizungsform nur wenig zukunftssicher und wird in Zukunft immer höhere Kosten mit sich bringen. Eine platzsparende Alternative bietet jedoch das Heizen mit einem Brennwertkessel für Gas (vgl. Wolfgang 2008 S. 83).

4.1.2 Heizen mit Gas

Das Heizen mit Gas ist einer der verbreitetsten Heizmethoden in Neubauten, da die Gaszufuhr von extern kommt. Bei Öl z. B. wird noch ein Tank benötigt, in dem das Öl gelagert wird, dies verbraucht unnötig Platz im Gebäude. Zudem weisen moderne Brennwertkessel für Gas einen Nutzungsgrad von 102 bis 106 % auf. Auch hier wird mit der Niedrigenergietechnik gearbeitet und so viel Energie im Vergleich zu älteren Modellen gespart. Besonders preissicher ist das Heizen mit Gas aber auch nicht, da der Gaspreis an den Ölpreis gekoppelt ist und somit in Zukunft weiter steigen wird (vgl. Wolfgang 2008 S. 84).

4.1.3 Heizen mit Stückholz

Das Heizen mit Stückholz stellt eine Kostengünstige alternative zu fossilen Brenn-stoffen dar. Der Schadstoffausstoß ist ebenfalls geringer, da nur das von dem Baum aufgenommen Kohlenstoffdioxid wieder in die Umwelt abgegeben wird. Da jedoch auch Kohlenstoffmonoxid bei der Verbrennung im Heizungskessel auftritt, werden Gebläse installiert, um dieses abzuleiten. Die Lagerung des Stückholzes muss an einem trockenem Ort gewährleistet werden, womit Raum in Anspruch genommen wird. Ebenfalls muss das Holz manuell nachgelegt werden und in Verbindung mit dem Normnutzungsgrad zwischen 80 und 88 % stellt diese keine gute Alternative für eine Zentralheizung dar (vgl. Wolfgang 2008 S. 85).

4.1.4 Heizen mit Holzpellets

Eine komfortable Alternative zu dem Heizen mit Stückholz ist das Heizen mit Holzpellets. Holzpellets sind fünf Zentimeter lange schmale gepresste Holzstücke. Diese lassen sich einfach und unkompliziert in Säcken kaufe. Das Nachlegen der Pellets funktioniert mit modernen Pelletheizungen vollautomatisch. Die Pellets wer-den in einem Behälter gelagert und dann mit einer Schneckenzuführung in den Pel-letbrenner geführt.

HP – Holzpelletskessel: So funktioniert's

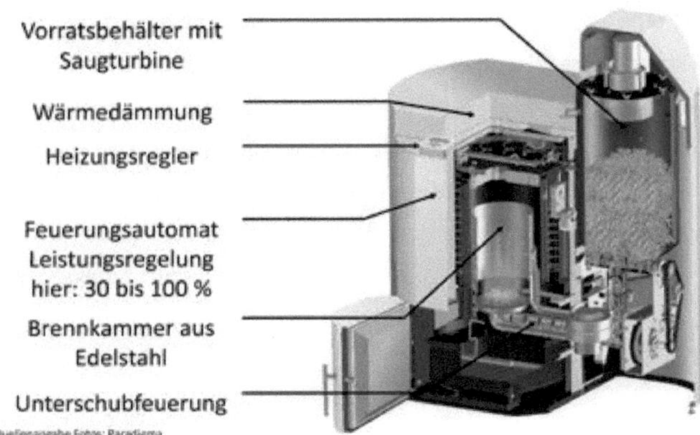

Abbildung 5, Quelle: http://maxeiner-gmbh.de/img/pelletheizung_schema.jpg

Die Pellets werden dort verbrannt die Wärmeenergie aufgenommen und die Ver-
brennungsgase durch eine Turbine aufgefangen. Die Pelletheizung erreicht einen
Nutzungsgrad von bis zu 89 %, womit sie effizienter ist als die Stückholzheizung. Jedoch fällt bei der Verbrennung Asche an, die in regelmäßigen Abständen ausgeleert
werden muss. Die Bedienung moderner Pelletheizungen ist bedienerfreundlich ge-
worden, da sie in den vergangenen zehn Jahren stark weiterentwickelt wurde. Für
die Aufbewahrung der Pellets muss jedoch wiederum Raum in Anspruch genommen
werden (vgl. Wolfgang 2008 S. 85).

4.1.5 Heizen mit Heizungswärmepumpen

Eine der zukunftsträchtigsten Heizungssysteme sind Wärmepumpensysteme hierbei
wird der Umgebung erneuerbare Umweltwärme entzogen und diese Wärme wird
dann in höhere Temperatur umgewandelt. Die Funktionsweise lässt sich am einfachsten schematisch veranschaulichen. In Abbildung ist das Grundprinzip einer
durchschnittlichen Wärmepumpe dargestellt.

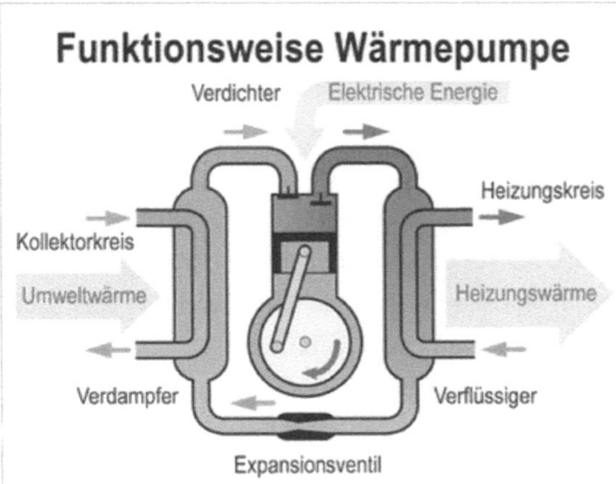

Abbildung 6, Quelle: http://www.energiesparen-im-haushalt.de/funktionsweise-waermepumpe.gif

Man erkennt auf der Abbildung drei Kreisläufe, den der Wärmepumpe mittig, den der Umweltwärme links und den der Heizungswärme rechts. Links und rechts des Wärmepumpenkreislaufs kann Wärmeenergie in den Nachbarkreislauf übertragen werden. In dem Kreislauf der Wärmepumpe zirkuliert ein Kältemittel, dieses soll mehr Energie abgeben, als es aufgenommen hat. Die Wärme wird durch die Umweltwärme in das Kältemittel übertragen, dieses wird in dem Verdichter verdichtet. So wird es fest und erreicht eine höherwertiges energetisches Niveau. Da der Stoff jedoch das geringste energetische Niveau erreichen will, gibt er die Energie in Form von Wärmeenergie an die Heizungswärme ab und verflüssigt sich. Von dort fliest es in das Expansionsventil, in dem der Druck abgebaut wird. Dann wiederholt sich dieser Vorgang immer wieder. So können aus 1 kW investierten Strom bis zu 4,5 kW Leistung gewonnen werden. Es ist klar erkennbar das diese Energieerzeugungsart in Zukunft immer mehr an Bedeutung gewinnen wird. Bereits heute ist ein starker Trend in diese Richtung zu spüren. Ein großer Nachteile sind jedoch die hohen Anschaffungskosten da für eine effiziente Wärmepumpe das Gelände begutachtet werde muss um zu überprüfen ob genug Umweltwärmeenergie vorhanden ist (vgl. Wolfgang 2008 S. 87).

4.2 Die Dämmung

Die Dämmung in einem Gebäude stellt die mit wichtigste Komponente zu einem Energieeffizientem Gebäude dar. Da die erzeugte Wärme nicht durch Undichtigkeiten oder zu schlecht gedämmte Wände entweichen kann und so länger in dem Raum wirken kann. Zentrale Punkte zum Dämmen sind das Mauerwerk, das Dach, der Keller und die Fenster in einem Gebäude. All diese Gebäudeteile haben einen laut EnEV vorgegebenen Sollwert, jedoch ist dieser nicht besonders hoch und lässt sich durch zwar kostspielige jedoch effiziente Investitionen verbessern. Die Orte mit dem höchstem Einsparpotenzial sind das Dach und die Außenwände. Im Durchschnitt gehen durch diese beiden Komponenten alleine 77 % an Nutzwärme verloren. Am einfachsten lässt sich dies mit einem Beispiel aufzeigen. Ein älteres schlecht gedämmtes Einfamilienhaus mit einer Wohnfläche von 130 m² verbraucht im Jahr ca. 3.000 Liter Heizöl. Durch eine bessere Dämmung von Dach und Außenwänden lassen sich 1.100 Liter einsparen somit würde der jährliche Verbrauch bei 1.900 Litern liegen (vgl. Bergdolt & Matter 2009 S. 103). Bereits durch diese beiden relativ einfachen Maßnahmen würde man zum einen eine große Menge an Geld sparen und zum anderen hätte das Haus einen höheren Verkaufswert. Die Dämmung hat bereits mit den wichtigsten Wert beim Bau eines energiesparenden Hauses eingenommen und wird diese Position auch in Zukunft halten. Die Verbesserung der Dämmung ist sozusagen unumgänglich für jeden Renovierungsplan, der Energiesparen zum Ziel hat.

5. Arten von Energiesparhäusern

Der Begriff „Energiesparhaus" umfasst eine Vielzahl von weiteren untergeordneten Begriffen. Darunter versteht man Gebäudetypen mit einem markant geringen Energieverbrauch. Es gibt verschiedene Typen von Energiesparhäusern, die sich in ihrer technischen Ausstattung unterscheiden und so unterschiedlich viel Energie einsparen können. Jedoch besitzen die letzten drei in Abbildung 7 aufgeführten Energiesparhaustypen besonders innovative und zukunftsreiche Ideen und werden deswegen noch einmal genauer betrachtet.

Energiesparhaustypus	Jährlicher Heizenergiebedarf in kWh / m²a
Niedrigenergiehaus	40 – 79
KfW 60 Haus	60
KfW 40 Haus	40
3 Liter Haus	30
Passivhaus	< 15
Nullenergiehaus	0
Plusenergiehaus	+ X

Abbildung 7, Quelle: http://www.passivplanung.de/energiestandards

4.3 Das Passivhaus

Ein Passivhaus ist Primär damit befasst Wärme, die durch Sonneneinstrahlung oder durch Abwärme produziert ist, zum erwärmen des Gebäudeinneren zu benutzen. In aller Regel verpufft diese Energie durch schlechte Dämmung oder falsche Lüftung. Primär für die effiziente Nutzung der bereits vorhandenen Wärmeenergie zuständig ist eine Lüftungsanlage, die die warme Luft in allen Räumen verteilt. Jedoch ist eine überdurchschnittliche Wärmedämmung unabdingbar für ein Passivhaus, was die Kosten für ein solches Haus um 6 bis 10 % im Vergleich zu einem Standardhaus erhöht. Aber es amortisieren sich diese Kosten sehr schnell, da durch die eingesparten Energiekosten sich nach 30 Jahren bis zu 36000 Euro einsparen lassen. Dieser Gebäudetypus wird in Zukunft noch viel Verwendung finden, da er eine relativ kostengünstige Alternative bietet Energiekosten langfristig zu sparen.

4.4 Das Nullenergiehaus / Plusenergiehaus

Das Nullenergiehaus benötigt keine externen Energielieferanten, denn es erzeugt sämtliche Energie, die es benötigt selbst. Zumeist wird dies durch eine Kombination aus Solaranlage und Wärmepumpe erzielt. Die Wärmepumpe konzentriert sich hierbei auf die Heizwärmeversorgung, wobei die Solaranlage für die Elektrizität und die Warmwasserversorgung zuständig ist. Eine gute Dämmung ist auch hier Pflicht. Jedoch ist dieses System sehr anfällig für Umweltbedingungen und kann so zum Beispiel durch fehlende Sonneneinstrahlung keine Elektrizität erzeugen, und somit die Elektrizitätsversorgung außer Kraft setzen. Solche Nullenergiehäuser sind lohnenswert in Regionen mit einer hohen Anzahl von Sonnenstunden um die Stromversorgung zu gewährleisten. Ebenfalls beträgt die Amortisierungszeit einen zu langen Zeitraum. Nur mit einer staatlichen Subvention für Solaranlagen lässt sich dies momentan noch realisieren, da die meisten Solaranlagen nur 30 bis 40 Jahre halten. Mit weiteren Verbesserungen in diesen Technologien wäre es möglich Nullenergiehäuser für die breite Masse anbieten zu können. Eine Sonderform des Nullenergiehauses stellt das Plusenergiehaus dar. Dieses produziert mehr Energie, als es selbst benötigt, und kann die überschüssige so in das Stromnetz einspeisen. Somit könnten in ferner Zukunft zentrale Kraftwerke der Vergangenheit angehören und durch eine Vielzahl von autonom arbeitenden Plusenergiehäusern ersetzt werden(vgl. Internetquelle 1).

6. Zusammenfassung und Ausblick

Der Zukunftstrend geht ganz klar zu selbst erzeugter Energie, weg von der Abhängigkeit der fossilen Brennstoffe hin zu der Nutzung von bereits vorhandener Energie der Sonne oder im Erdinneren. Somit werden aber auch hohe Anforderungen an die zukünftigen Technologien gestellt. Deren Entwicklung wird kostspielig und damit auch teuer in der Anschaffung für den Verbraucher. Bis dahin wird das Passivhauskonzept mit seinem geringen Energiebedarf der neue Standard werden und so sowohl den Geldbeutel als auch die Umwelt schonen. Die Wärmepumpe wird durch den hohen Effizienzgrad immer weiter in den Mittelpunkt rücken und die geothermische Energie breit angelegt nutzbar machen.

Im Jahr 2012 wird eine neue EnEV beschlossen, in der das Ziel eines nahezu klimaneutralen Gebäudebestandes bis zum Jahre 2050 erreicht werden soll. Dazu will der Staat durch eine Besteuerung von Energie nach ihrem Emissionsgrad mehr Menschen dazu verleiten Energiesparmethoden zu ergreifen. Durch die heutigen Technologien wie die Wärmepumpe oder Solaranlagen wurde ein guter Grundstein gelegt, um weiter Energie einsparen zu können. Jedoch scheitert es in der Regel an dem geringen Verständnis der Menschen, da nur der Kaufpreis der Modernisierung gesehen wird und nicht die dadurch eingesparten CO_2 Emission. Es muss ein stärkeres Umdenken stattfinden und die Menschen desensibilisieren und an die neuen Technologien heranführen.

Literaturverzeichnis

Usemann, Klaus W. (2005): Energieeinsparende Gebäude und Anlagentechnik Grundlagen, Auswirkungen, Probleme und Schwachstellen, Wege und Lösungen bei der Anwendung der EnEV, Berlin, Heidelberg: Springer Verlag Berlin Heidelberg

Naumer, Wolfgang (2008): Energiesparend bauen und modernisieren, München: Rudolf Haufe Verlag

Bergdolt, Gudrun & Matter, Dirk (2009): Energie sparen im Haushalt, München: Rudolf Haufe Verlag

Bundesministerium für Raumordnung, Bauwesen und Städtebau (1977): Verordnung über einen energiesparenden Wärmeschutz bei Gebäuden (Wärmeschutzverordnung – WärmeschutzV)

Bundesministerium für Raumordnung, Bauwesen und Städtebau (1982): Verordnung über einen energiesparenden Wärmeschutz bei Gebäuden (Wärmeschutzverordnung – WärmeschutzV)

Bundesministerium für Raumordnung, Bauwesen und Städtebau (1994): Verordnung über einen energiesparenden Wärmeschutz bei Gebäuden (Wärmeschutzverordnung – WärmeschutzV)

Inernetquellen

Internetquelle 1: http://www.passivplanung.de/energiestandards (01.02.2012)